U0359019

MathStart®
洛克数学启蒙1

MathStart
洛克数学启蒙 1
手套
不见了
[美]斯图尔特·J. 墨菲 文
[美]G. 布赖恩·卡拉斯 图
漆仰平 译
奇数和偶数
海峡出版发行集团
THE STRAITS PUBLISHING

献给闪电——它能用得上两副手套，甚至4副。

——斯图尔特·J.墨菲

献给利文斯顿图书馆馆长。

——G.布赖恩·卡拉斯

著作权合同登记号：图字 13-2023-038号

图书在版编目（CIP）数据

洛克数学启蒙. 1. 手套不见了 / (美) 斯图尔特·J.墨菲文；(美) G.布赖恩·卡拉斯图；漆仰平译. -- 福州：福建少年儿童出版社，2023.9
ISBN 978-7-5395-8090-6

Ⅰ.①洛… Ⅱ.①斯… ②G… ③漆… Ⅲ.①数学－儿童读物 Ⅳ.①O1-49

中国国家版本馆CIP数据核字(2023)第005304号

LUOKE SHUXUE QIMENG 1 · SHOUTAO BU JIAN LE
洛克数学启蒙 1 · 手套不见了

著　　者：[美]斯图尔特·J.墨菲　文　[美]G.布赖恩·卡拉斯　图　漆仰平　译
出 版 人：陈远　出版发行：福建少年儿童出版社　http://www.fjcp.com　e-mail:fcph@fjcp.com　社址：福州市东水路76号17层（邮编：350001）
选题策划：洛克博克　责任编辑：邓涛　助理编辑：陈若芸　特约编辑：刘丹亭　美术设计：翠翠　电话：010-53606116（发行部）　印刷：北京利丰雅高长城印刷有限公司
开　　本：889毫米×1092毫米　1/16　印张：2.5　版次：2023年9月第1版　印次：2023年9月第1次印刷　ISBN 978-7-5395-8090-6　定价：24.80元

手套
不见了

外面漫天飞雪，
农夫比尔冻得直打哆嗦。
他望着窗外的暴风雪，
心里在琢磨，该穿什么好。

“对了，我有秋衣和秋裤！”比尔说，
“还有我的新外套。
再戴上帽子、围巾和耳罩。
不过，穿戴上这些好像还有点少。”

“我的手套去哪儿了？”比尔自言自语道。
只有1只在炉旁。
1是奇数，2才是偶数，
1只手套不能叫1双。

1
奇数

2
偶数

比尔出去挤奶，
他的奶牛也冻得浑身冰凉。
大家都去找奶牛的4只手套，
可是只有3只，第4只找不到了。

3是奇数——
剩下的1只找不到。
对于奶牛来说，3只肯定不够，
4只才正正好。
4是偶数。

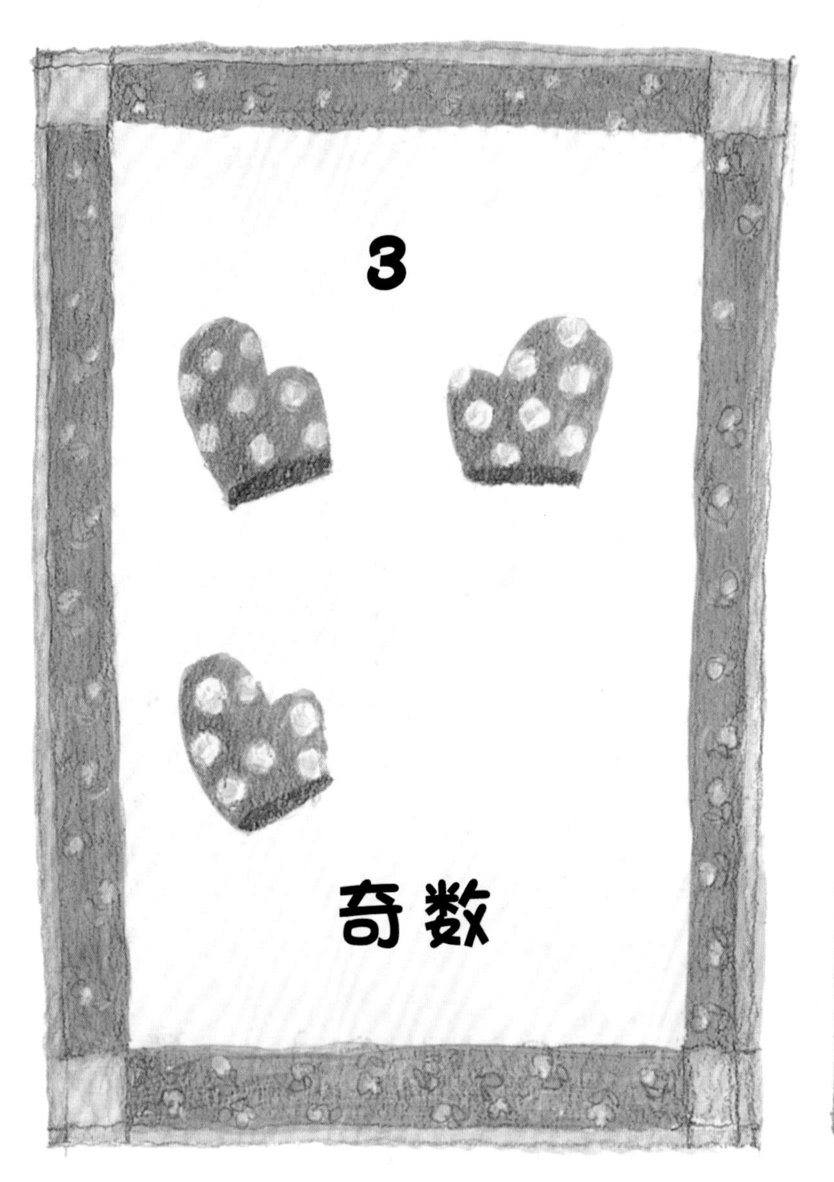
3
奇数

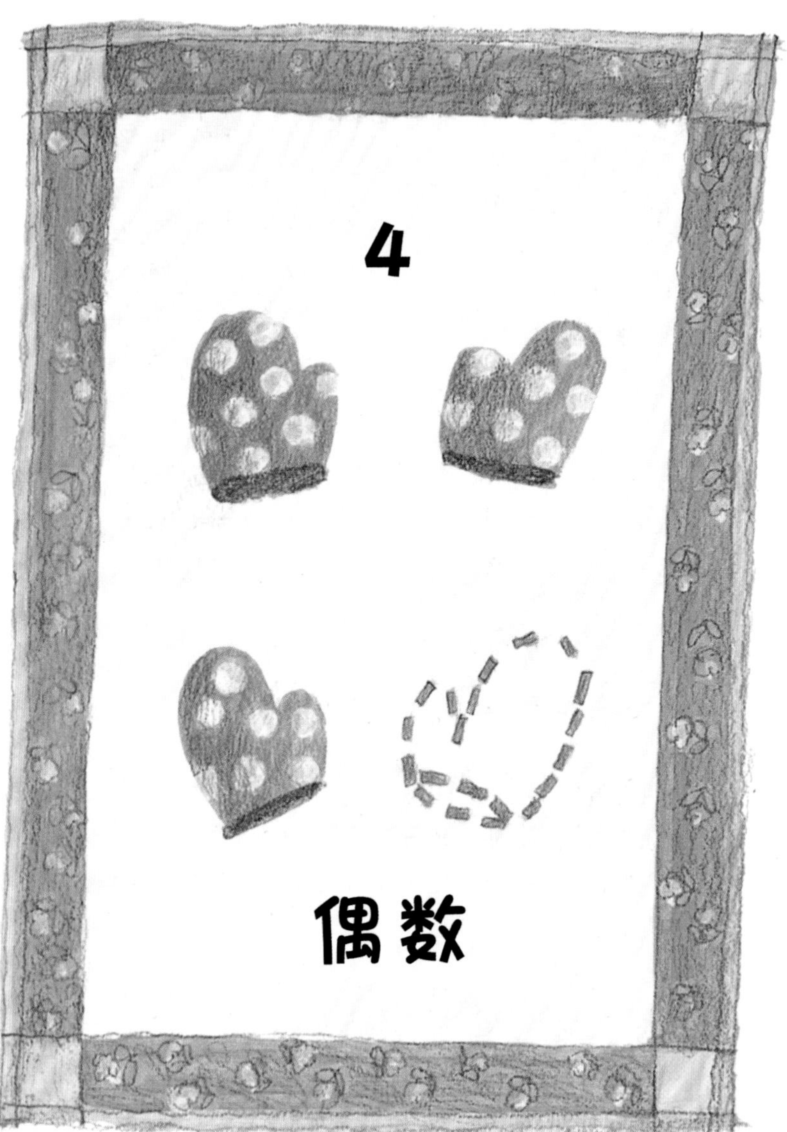
4
偶数

接下来是比尔的3只母鸡。
它们挤在围栏里。
多希望能有6只手套——
每只母鸡分两只，温暖又快乐。

比尔找了又找，
只找到了5只手套。
但它们需要的是偶数——得有6只手套。
否则，有1只母鸡会被嘲笑。

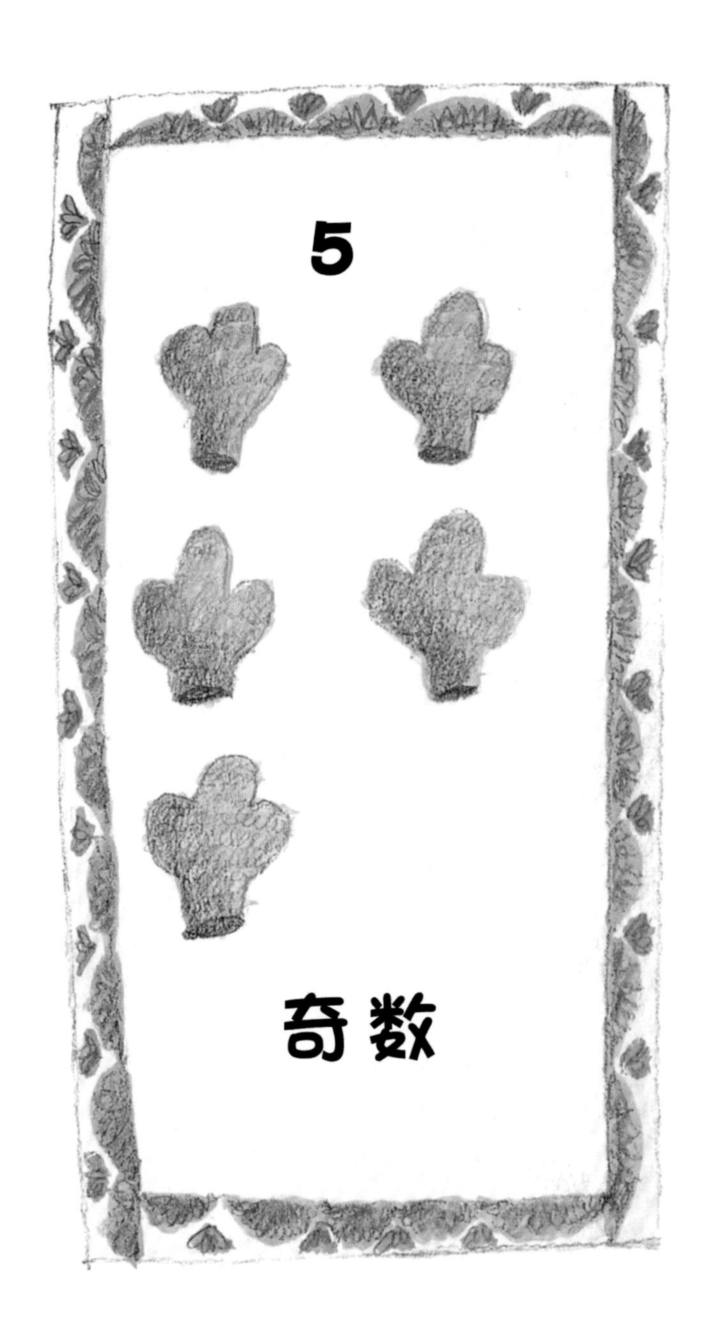
5
奇数

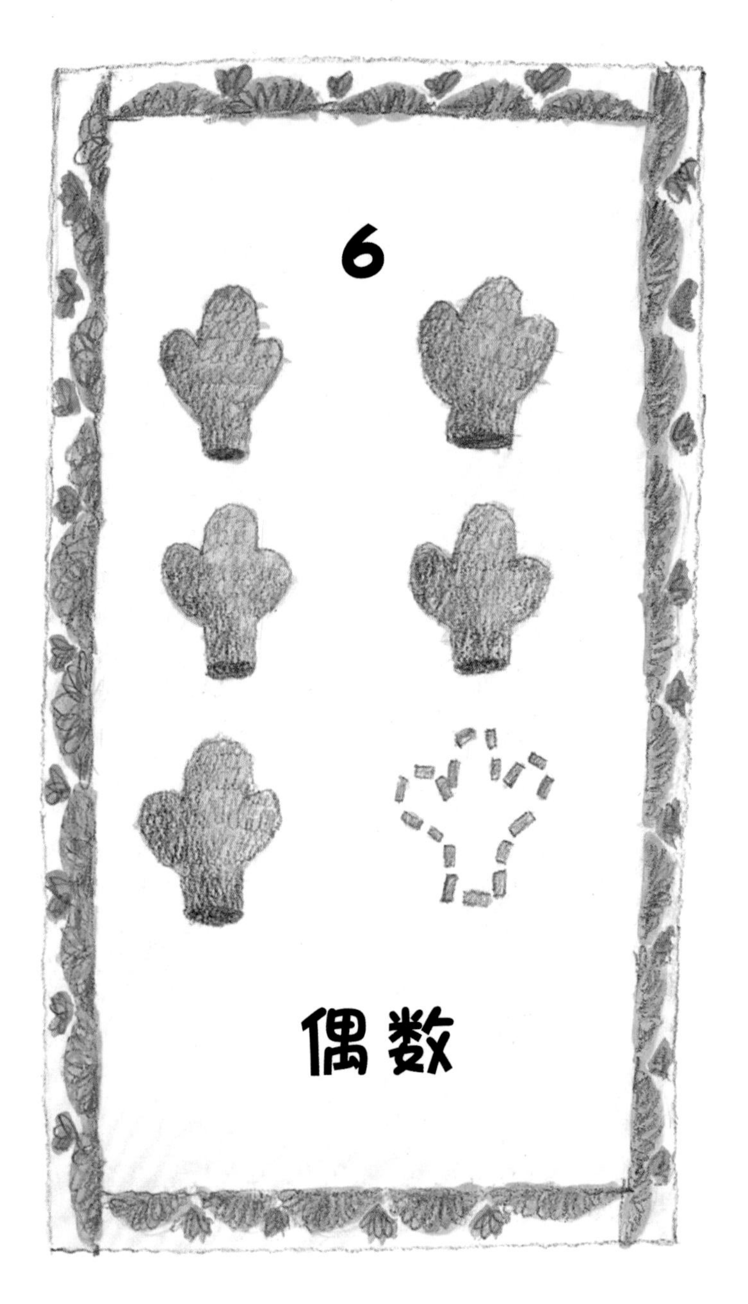
6
偶数

比尔去看他的两匹马。
它们在马厩里冻得直跺脚。
每匹马要戴4只暖和的手套，
8只手套才能满足需要。

可是，只找到7只手套。
有1匹马可能会感冒。
8只蹄子配7只手套——
“多么奇怪！”比尔说道。

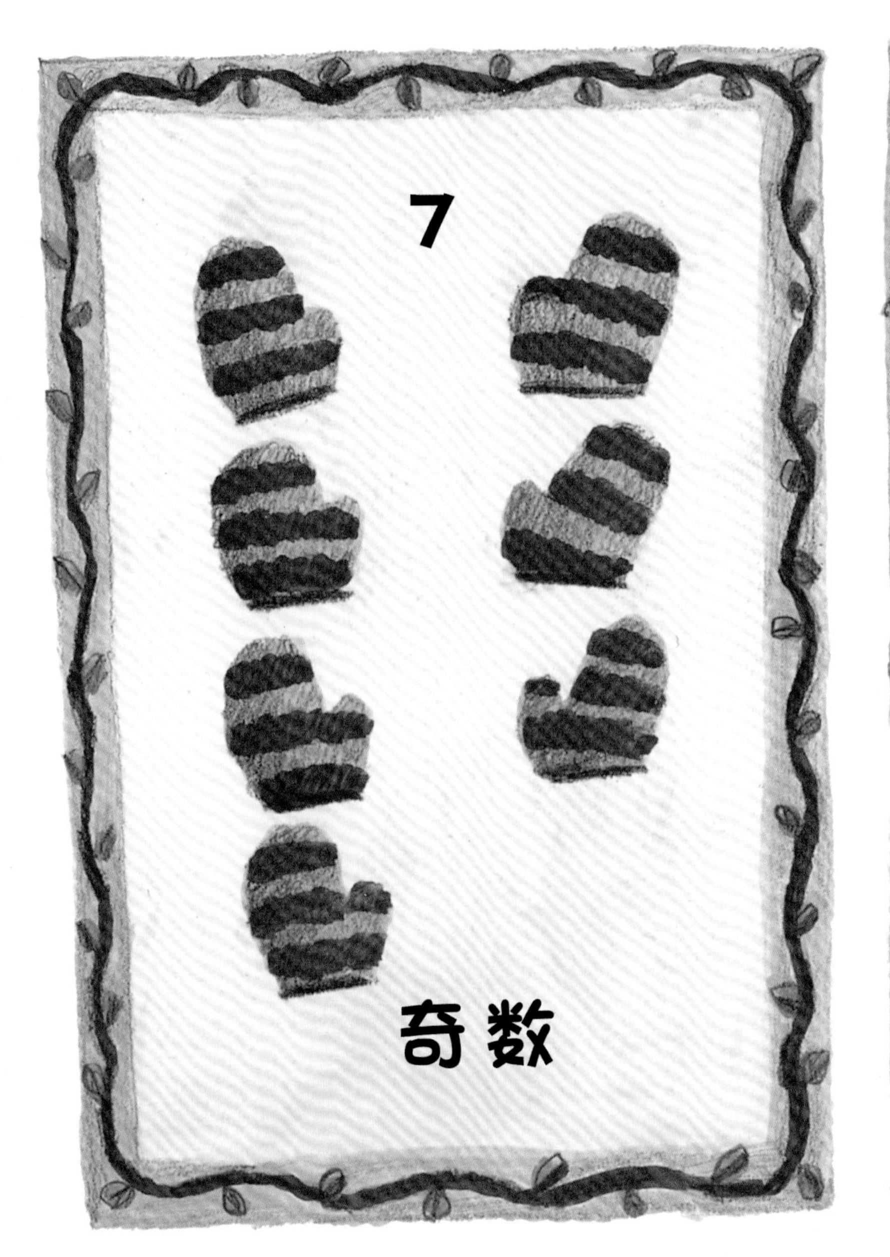
7
奇数

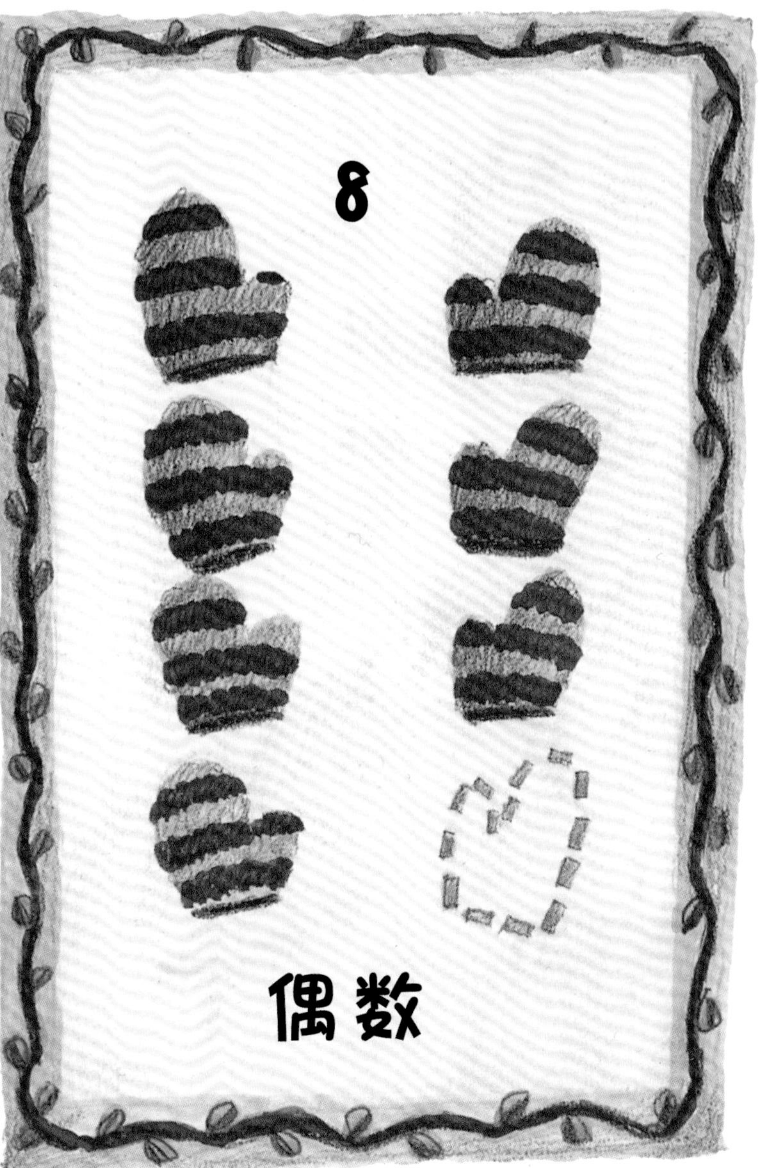
8
偶数

丢的手套都去了哪里？
怎么才能找到？
“肯定来了个手套大盗！”
比尔皱皱眉，把头挠了又挠。

“我们必须找回自己的手套！
嘿，那只山羊有点可疑！
早餐时间早就过了，
可它却在……

“嚼东西！”

现在，每只手、每只脚、每只蹄子
都温暖舒服，不再冷冷冰冰。
每个成员都恢复了好心情——

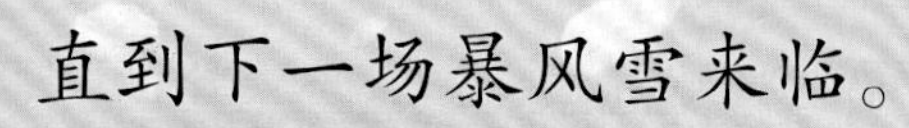

直到下一场暴风雪来临。

1
奇数

2
偶数

3
奇数

4
偶数

5
奇数

6
偶数

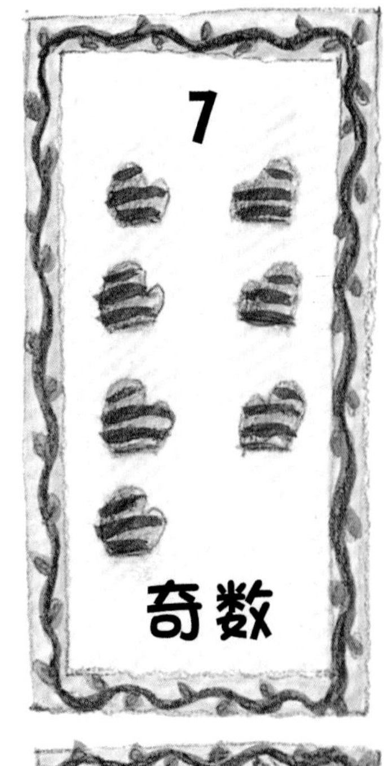
7
奇数

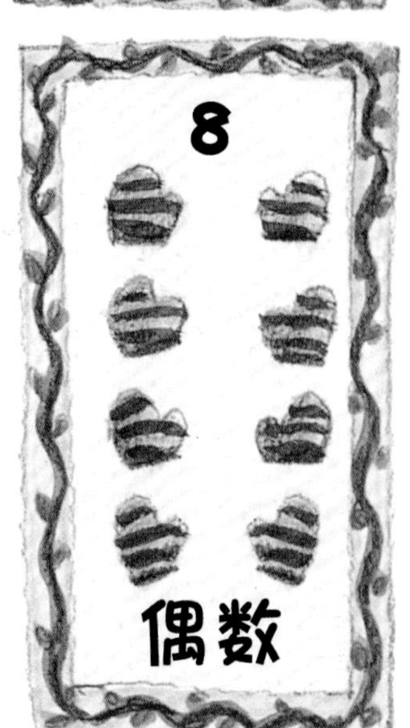
8
偶数

写给家长和孩子

《手套不见了》所涉及的数学概念是奇数和偶数。认识奇数和偶数对理解整个数的体系很重要，能帮助孩子对整数进行分类处理。

对于《手套不见了》所呈现的数学概念，如果你们想从中获得更多乐趣，有以下几条建议：

1. 和孩子一起读故事，并描述每幅图中发生的事情。读完第21页时，让孩子预测接下来会发生什么。读完第25页时，让孩子猜猜消失的手套在哪里。

2. 帮助孩子理解奇数和偶数的区别。拿出1张纸，在纸的中央画1条线，将这张纸分成左右两边。在纸的一边画一些成对的小物件来表示偶数，在另一边画一些单数数量的小物件来表示奇数。让孩子说说，偶数有哪些相似之处，奇数又有哪些相似之处。

3. 再次阅读故事，数一数每幅图中手套的数量。图中每种动物需要的手套数量都比它们现在拥有的要多1只，和孩子讨论一下，为什么动物需要的手套数量是偶数，比尔找到的手套数量却总是奇数？

4. 问问孩子，两只狗需要多少只手套，5只猫需要多少只手套，你们全家人需要多少只手套。

如果你想将本书中的数学概念扩展到孩子的日常生活中，可以参考以下这些游戏活动：

1. 超市购物：在超市购物时，帮助孩子找一找，哪些包装中的物品数量是奇数，哪些包装中的物品数量是偶数。

2. 骰子游戏：准备两个骰子，第1位玩家先掷，看看掷出的数字是偶数还是奇数。如果两个骰子上的数字都是偶数或者都是奇数，第1位玩家赢得1分；如果1个是奇数1个是偶数，第2位玩家赢得1分。然后轮到第2位玩家掷骰子。首先赢得15分的玩家胜出。

3. 趣玩纽扣：在桌子上放一小堆纽扣，数数看这堆纽扣的数量是奇数还是偶数。在桌上再放一堆纽扣，数一数这堆纽扣的数量是奇数还是偶数。将这两堆纽扣合并到一起，看看总数是奇数还是偶数。重新堆一堆，再算算看，多试几次。和孩子一起讨论：两个偶数相加得到的结果是偶数还是奇数？两个奇数相加呢？1个奇数和1个偶数相加呢？

洛克数学启蒙

书名	主题
《虫虫大游行》	比较
《超人麦迪》	比较轻重
《一双袜子》	配对
《马戏团里的形状》	认识形状
《虫虫爱跳舞》	方位
《宇宙无敌舰长》	立体图形
《手套不见了》	奇数和偶数
《跳跃的蜥蜴》	按群计数
《车上的动物们》	加法
《怪兽音乐椅》	减法

书名	主题
《小小消防员》	分类
《1、2、3，茄子》	数字排序
《酷炫100天》	认识1~100
《嘀嘀，小汽车来了》	认识规律
《最棒的假期》	收集数据
《时间到了》	认识时间
《大了还是小了》	数字比较
《会数数的奥马利》	计数
《全部加一倍》	倍数
《狂欢购物节》	巧算加法

书名	主题
《人人都有蓝莓派》	加法进位
《鲨鱼游泳训练营》	两位数减法
《跳跳猴的游行》	按群计数
《袋鼠专属任务》	乘法算式
《给我分一半》	认识对半平分
《开心嘉年华》	除法
《地球日，万岁》	位值
《起床出发了》	认识时间线
《打喷嚏的马》	预测
《谁猜得对》	估算

书名	主题
《我的比较好》	面积
《小胡椒大事记》	认识日历
《柠檬汁特卖》	条形统计图
《圣代冰激凌》	排列组合
《波莉的笔友》	公制单位
《自行车环行赛》	周长
《也许是开心果》	概率
《比零还少》	负数
《灰熊日报》	百分比
《比赛时间到》	时间